はじめに

異常気象・災害の頻発、国際紛争の多発により食料安全保障の強化が大きな課題となる一方、農業者の高齢化・減少の加速化、耕作放棄地の増加、海外農産物との競争など様々な課題を抱えるわが国農業にとって、生産の一層の効率化とともに農地の集積・集約化、人の確保・育成が急務となっております。

農業の成長産業化と農業所得の増大を目的として改正された「人・農地関連法」(「農業経営基盤強化促進法等の一部を改正する法律」及び「農山漁村の活性化のための定住等及び地域間交流の促進に関する法律の一部を改正する法律（活性化法)）が令和４年５月20日に成立し、令和５年４月１日に施行されます（活性化法は令和４年10月１日施行)。

今回の改正により、①人・農地プランを「地域計画」として法定化、②農地中間管理事業推進法（機構法）において借り手の募集を廃止し、農業経営基盤強化促進法（基盤法）の「農用地利用集積計画」を機構法の「農用地利用集積等促進計画」に一本化、③「地域計画」の目標地図の素案づくりなど農業委員会の権能・役割の強化、④基盤法に従来の効率的かつ安定的な農業経営に加え「農業を担う者」を位置づけ、半農半Xなど多様な農業の担い手を取り込むための農地取得の下限面積要件の廃止などが行われます。

農業委員会は、農地の出し手・受け手の意向把握をもとに「目標地図」の素案を作成し、地域の話し合いに参加するとともに、「地域計画」策定後は農地バンクへの貸し付けを働きかけることで「地域計画」の実現に向けた農地の利用関係の調整に取り組むことになります。「地域計画」を地域に根付かせ、実効性を高めるために、農業委員会関係者の活動に大きな期待が寄せられております。

本書の活用により「人・農地関連法」の見直しの概要をご理解頂き、日常活動を起点とした「農地利用の最適化」に生かされることで、地域農業の振興・発展に結びつくことを願ってやみません。

令和５年２月

全国農業委員会ネットワーク機構
一般社団法人 全国農業会議所

＜本書の構成＞

「人・農地プラン」が地域計画として法定化

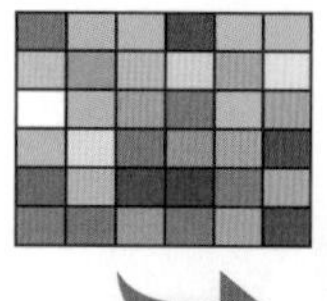

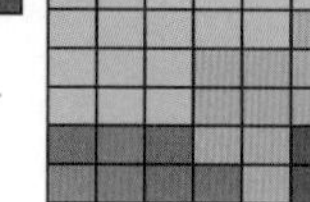

「人・農地プラン」が「地域計画」と名称を変えて基盤法に位置付けられ、「目標地図」に沿って地域一体となった農地の集約化等を進めることになりました。

農地の集約化の手法等

「地域計画」の達成に向け、「農用地利用集積等促進計画」（促進計画）に沿って農用地の所有者等に農地バンクへの貸し付けを積極的に促すことになりました。

人の確保・育成

「農業を担う者」の確保・育成を行う拠点（農業経営・就農支援センター）を整備し、関係機関・団体が情報の収集、連携協力や援助を進めることになりました。

農山漁村活性化法の改正

人口の減少や高齢化が深刻化する農山漁村では、農用地の保全等により荒廃防止を図りつつ、活性化の取り組みを計画的に推進することになりました。

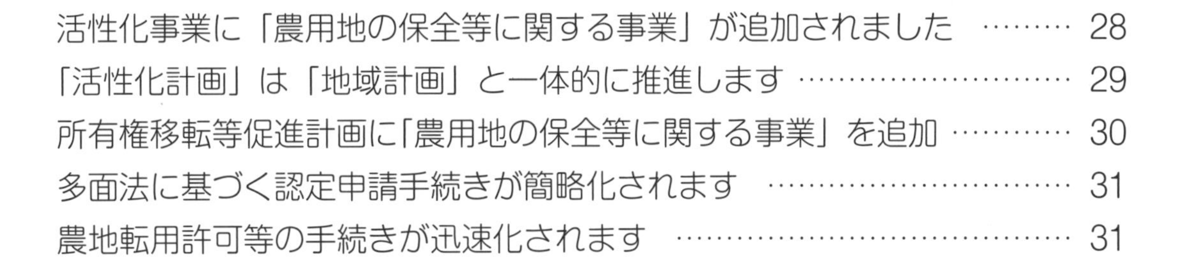

<凡　例>

農業経営基盤強化促進法	基盤法
農地中間管理事業の推進に関する法律	機構法
農業振興地域の整備に関する法律	農振法
農山漁村の活性化のための定住等及び地域間交流の促進に関する法律	活性化法

基盤法等の改正項目

項　目	改　正　内　容
地域計画の策定	①市町村は、農業者、農業委員会、農地バンク、ＪＡ、土地改良区等による協議の場を設け、将来の農業や農地利用の姿について話し合いを実施（基盤法第18条） ②これらを踏まえて、市町村は、地域の将来の農業の在り方、将来の農地の効率的かつ総合的な利用に関する目標（目標とする農地利用の姿を示した地図を含む）等を定めた「地域計画」を策定・公告。その際、農業委員会は、農地バンク等と協力して目標とする地図の素案を作成（基盤法第19条及び第20条） ③地域計画は執行期日から2年を経過する日までに策定（附則第4条）
農地の集約化等	①農業委員会は、地域計画の達成に向け、農地所有者等による農地バンクへの貸付を促進し、農地バンクは農地の借入れ等を農地所有者等に積極的に申し入れ（基盤法第21条第1項、機構法第8条第3項第3号） ②通常の地域計画を策定した地域について、地域計画の特例として、3分の2以上の農地所有者等の同意を得た場合、農地を貸し付けるときは農地バヱクとすることを提案できる仕組みを措置（基盤法第22条の3） ③農地バンクは、地域計画の達成に向け、「農用地利用集積等促進計画」を策定し、農地の貸借等を促進。また農業委員会が同計画を定めるべき旨を要請した場合、農地バンクはその内容を勘案して計画を策定（現行の市町村の利用集積計画は、農用地利用集積等促進計画に統合）（機構法第18条） ④農家負担ゼロの基盤整備事業の対象に、農地バンクが農作業の受託等を受けている農地を追加（基盤法第22条の6） ⑤農地バンクに対する遊休農地の貸付けに係る裁定等における貸付期間の上限を延長（20年→40年）（農地法第39条第3項） ⑥農業委員会による農地利用最適化指針の策定を義務化（農委法第7条第1項）
人の確保・育成	①都道府県が、農業を担う者の確保・育成に関する方針を策定し、農業経営・就農支援を行う体制を整備（基盤法第5条及び第11の11） ②認定農業者に係る措置 　ア　公庫が認定農業者向けの「資本性劣後ローン」を融資 　　（基盤法第13条の3） 　イ　認定農業者の加工・販売施設等に係る農地転用許可手続きをワンストップ化 　　（基盤法第12条、第13条の2及び第14条） ③農地の取得に係る下限面積要件を廃止（旧農地法第3条第2項第5号） ④農協による農業経営に係る組合員の同意手続き緩和（農協法第11条の50第3項）

「人・農地プラン」が地域計画として法定化

高齢化や人口減少の本格化により農業者の減少や耕作放棄地が拡大し、地域の農地が適切に利用されなくなることが懸念されており、農地が利用されやすくなるよう、農地の集約化等に向けた取り組みが課題となっています。

このため、「人・農地プラン」を法定化するとともに、市町村が地域での話し合いにより目指すべき将来の農地利用の姿を明確化する「地域計画」を定め、地域内外から農地の受け手を幅広く確保しながら農地バンクを活用した農地の集約化等を進めるための農業経営基盤強化促進法等の改正法が令和４年５月に成立しました。

改正法は令和５年４月１日に施行され、「人・農地プラン」が「地域計画」（地域農業経営基盤強化促進計画）と名称を変えて同法に位置付けられています。法改正による最も大きな違いは、「地域計画」の策定にあたって新たに10年後に目指す地域の農地利用を示した「目標地図」を作成する必要があることです。農業委員会は市町村の求めに応じてこの「目標地図」の素案を作成することとなっていますので、これまで以上に農業者等の意向把握を進めることが大切になります。

「人・農地プラン」「地域計画」を簡単に言うと…

人・農地プラン

・中心経営体（いわゆる「担い手」）に農地を集積していく将来方針です。

地域計画

・地域農業の将来の在り方の計画
・農業を担う者（担い手＋多様な経営体＋受託を受けて農作業を行う者）ごとに利用する農地を地図に示します（目標地図）。

地域計画策定の意義とメリット

1　地域農業の基本指針（県の基本方針、市町村の基本構想に連なるもの）となるものです。「地域」が今後どうしたいのかという意思表明の機会となります。

2　地域農業の置かれている状況を明らかにすることができ、関係機関・団体と農業者の間で将来展望や危機意識を共有する機会になります。担い手不足により将来展望が抱けない地域でこそ関係者で実情を共有し、将来の在り方を話し合い、それをとりまとめた計画が必要です。

3　国の補助事業との関連付けが進みます（位置付けられた経営体、対象地区への助成が重点化）。

農業委員会は、地域計画の策定で重要な役割を担います

地域計画における農業委員会の主な役割（太字が新たな役割）

【地域計画の策定まで】

1　関係機関・団体との協議

2　農地の出し手・受け手の意向把握

3　目標地図の素案作成（基盤法第 20 条第２項）

4　地域での話し合い

【地域計画の策定後（実行段階）】

1　農地バンクへの農地の利用権設定等の働きかけ（基盤法第 21 条第１項）

2　計画に沿った農地の利用調整・マッチング

3　計画の見直しへの協力（市町村は農業委員会等の意見を聴かなければならない）

地域計画の策定・実行までの流れ

基本構想を策定している市町村は、**市街化区域**（他の農用地と一体として農業上の利用が行われる農用地は除く）**等を除いた区域**を対象に地域計画を策定します。

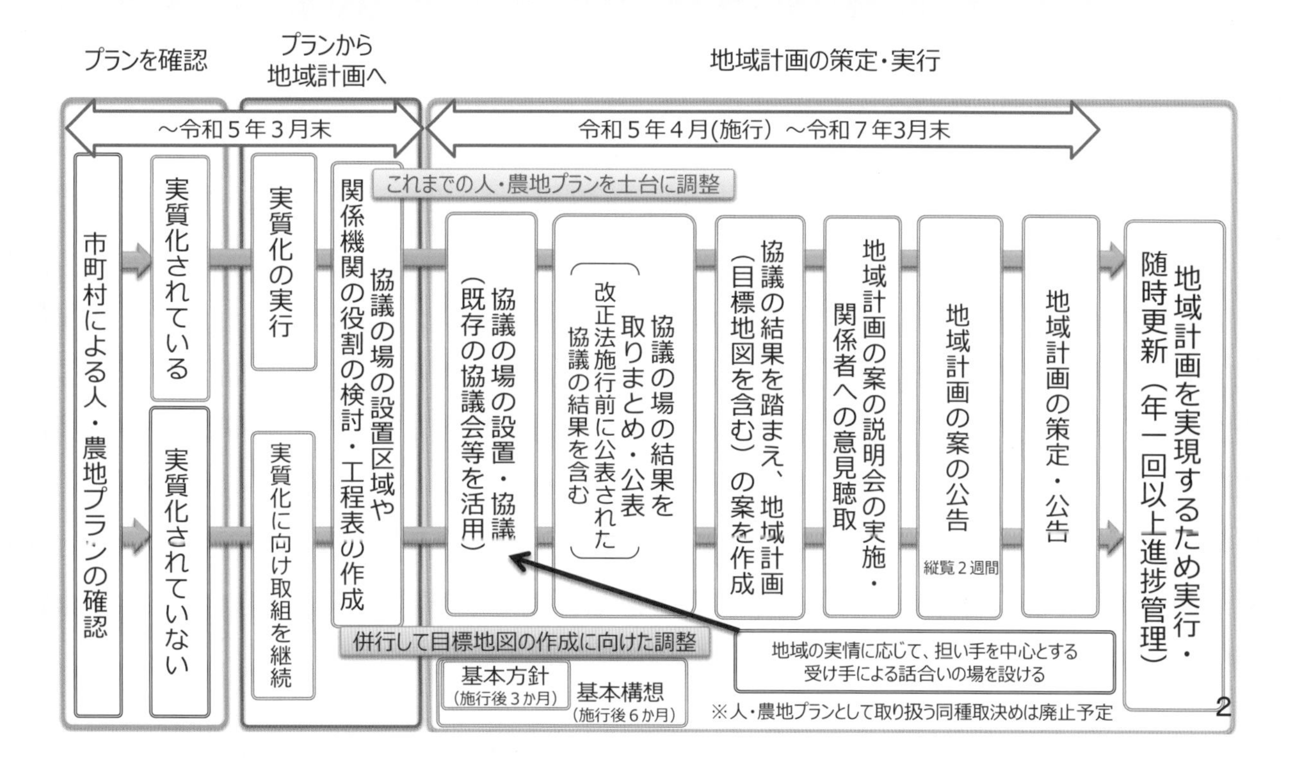

地域計画の策定に向け、早めの準備を進めましょう

地域計画の策定に向け早めに取り組みたいことは以下の通りです。

1　市町村部局や関係機関との打ち合せ・準備

・役割分担（市町村部局主導）
・地域計画の範囲（市町村部局主導）
・兼業農家や農作業受託組織の取り扱い

2　現況図の最新化

・耕作者の把握
・所有者の把握
・利用状況調査等を受けた変更点の反映

3　出し手・受け手の意向把握

・意向把握の実施の有無の検討
・意向把握の項目、調査対象者の検討

4　受け手の話し合いの場の設定　※受け手が明確な地域

・受け手を集め集約化に向けた意見交換の開催
・受け手等が取得したい農地の把握

農業者と関係機関による「協議の場」を設置しましょう

（基盤法第 18 条）

農業経営基盤強化促進基本構想を作成している市町村（同意市町村）は、「人・農地プラン」の実質化の際に設定した「地域の話し合いの場」を基本として、地域農業の将来の在り方を検討するため、幅広い関係者に参加を呼びかけ、「協議の場」を設置しましょう。

関係機関の例

市町村、農業者、農業委員会、農地バンク（農地中間管理機構）、JA（農業協同組合、JA 関係の青年組織・4H クラブ・女性農業者グループ）、土地改良区のほか、都道府県の普及指導センター・出先事務所、農業法人協会、認定農業者協議会、農産物の販売先となる事業者、農村型地域運営組織（農村 RMO）、農業支援サービス事業体、特定地域づくり事業協同組合、自治会　など

幅広い関係者の例

集落の代表者、認定農業者等の担い手、農地所有者の代表者、若年者や女性、近隣の集落の担い手、新規就農者、農業法人・企業　など

以下の「既存の協議の場」なども活用しましょう

既存の協議の場の活用とともに、活性化法※の協議会と一体的に推進するよう努めましょう。

※農山漁村の活性化のための定住等及び地域間交流の促進に関する法律

- **地域農業再生協議会**
- **中山間地域等直接支払交付金の集落協定関係の協議会**
- **多面的機能推進関係の協議会**
- **農山漁村振興交付金推進関係の地域協議会**　　など

「協議の場」の区域例

市町村は、これまでの「人・農地プラン」の策定区域や、地域の歴史的まとまりの経緯を参考にして「協議の場」の区域（自然的経済的社会的諸条件を考慮した区域）を設定します。

※）協議が行われる区域は、農業振興地域を中心に農業上の利用が行われる区域が想定されています。区域の設定は市町村の判断によるものであり、農業振興地域のない区域は協議の対象外とすることも可能とされています。

「自然的経済的社会的諸条件を考慮した区域」とは

- **集落**
- **隣接した複数の集落**
- **大字**
- **旧小学校区**

協議の進め方

協議を進めるにあたり、担い手が地域に十分存在する場合は、担い手を中心とする受け手の話し合いの場を設け、将来の農地の集積・集約化の方向性を確認しましょう。担い手がいないか、話し合いの土台がない、または話し合いが低調な場合には、幅広い関係者で時間をかけて丁寧に協議を進めていきましょう。

協議の場にすべての関係者が参加する必要はありませんが、集落の代表者や後継者、多様な経営体などの意見が汲み取れるよう配慮するとともに、意見が言いやすい雰囲気づくりに努めましょう。

●プレゼンテーション方式

話し合いの土台があり、担い手が既に確保され、地域農業の方向性がある程度示されている場合には、計画の案を示した上で参加者の意見を取りまとめるプレゼンテーション方式（対話型説明会、セミナーなど）を活用するなどにより、少ない回数で取りまとめても構いません。

●ワークショップ方式

話し合いの土台がないか、話し合いが低調、担い手がいない地域では、関係者による話し合いをベースとしたワークショップ（話し合いによる合意形成、座談会など）を活用し、地域の将来の在り方や地域づくりなどを話題に、段階を踏んで取りまとめることも考えられます。

専門家（コーディネーター等）の活用

協議の場では、農林水産省の事業などでコーディネート能力のある意欲ある専門家を活用することができます。

コーディネーターの活用により話し合いの土台づくりから始め、話し合いの機運の醸成や関心の高い人などを起点に地域の課題の掘り起こし、課題を共有・認識の共通化を図ることが大切です。農業委員会などが事前に把握した「地域不在の農地所有者の意向等」を紹介することも重要です。

話し合いが活発化してきた段階では、課題解決に向けて議論を深化させるため、他地域の事例や農外、地域外の意見なども取り入れ、将来の目指すべき姿を徐々に創り上げていきましょう。

話し合いのコーディネーター役には

・市町村職員（農業担当、土地利用調整担当等）
・農業委員・農地利用最適化推進委員
・都道府県の普及指導員
・現場で汗をかいている意欲のある人　など

以下の関係組織の職員などにお願いするのも良いでしょう。

・農地バンクの職員（貸し付け意向の掘り起こし）

・全国農業会議所、都道府県農業会議の職員（ファシリテーター研修等を実施）
・ＪＡの役職員（ブロックローテーションなど地域の作付けや加工・販売組織を支援）
・土地改良区の職員（基盤整備に関する話し合いを主導）
・民間コンサルティング事業者（農政や地域に精通）　など

専門家活用のポイント

都道府県や市町村は、事前に専門家（コーディネーター等）の氏名、資格、これまでの活動内容・実績を取りまとめたプロフィールを作成・提供し、地域に周知しましょう。市町村、農業委員会などの関係者は、専門家が活動しやすいよう現場の情報を提供することも必要です。

話し合いをコーディネートできる人が不足している場合には、実務経験のある専門家をコーディネーターやファシリテーターとして派遣したり、外部に委託して話し合いを進めましょう。都道府県は広域的な見地からコーディネーターを選定し、市町村への派遣を後押しします。

参考図書

【改訂版】
地域（集落）の未来設計図を描こう！
～人・農地プランの実質化を確実に進めていくための、思いをカタチにできる座談会の開き方～
澤畑佳夫（元茨城県東海村農業委員会事務局長、地方考夢員研究所長）著
（図書コード R02-30）

【全国農業図書ブックレット】
全員が発言する座談会が未来の地域（集落）をつくる
～人・農地プランの実質化のための座談会「理論編」～
釘山健一（一般社団法人ファシリテーター普及協会（MFA）代表）、小野寺郷子（同副代表）著
（図書コード R02-31）

協議の内容

水田収益力強化ビジョンや土地改良事業の計画などとの整合性を図りつつ、以下の内容について活発な話し合いをしましょう。

1　区域における農業の将来の在り方

区域の現状・課題を踏まえ、以下のような農業の将来について話し合いましょう。

・米から野菜等の高収益作物への転換

・輸出向け作物の生産

・有機農業の導入の推進　等

2　農業上の利用が行われる農用地等の区域

今後とも可能な限り農業上の利用が行われるよう、農業振興地域を中心に農業上の利用が行われる区域の設定を基本としつつ、農業生産利用に向けたさまざまな努力を払ってもなお農業上の利用が困難である農地は「保全等が行われる区域」とするなど、地域の現状・将来の見込みを踏まえ農地をどう利用していくべきか話し合いましょう。

(具体例)

① 農業上の利用や農地として維持することが困難な農地であり、粗放的利用や、より省力的で簡易な方法で管理・利用するもの

② 山際などの条件の悪い農地であって、農地として維持することが極めて困難であるものなどを対象に、活性化法に基づき活性化計画を策定して農用地の保全等に取り組む場合も、一体的に議論することで、協議の場を活性化法に基づく協議会として活用することが可能となっています。

これまでの人・農地プランの取り組みで、上記事項について協議・公表されている場合は、その結果を協議の結果とみなすことができます。

3　その他農用地の効率的かつ総合的な利用を図るために必要な事項

1、2をもとに、10年後の目指すべき姿に向け、以下の事項について話し合いましょう。

・農用地の集積・集約化の方針
・基盤整備事業への取組方針
・新規就農者や入作者の確保方針
・農作業受託の活用方針　等

協議事項

1　農用地の集積、集約化の方針

・担い手への集積方針や、団地数の削減及び団地面積の拡大など。

2　農地中間管理機構の活用方針

・農用地の集積・集約化に向けた農地中間管理機構の活用方法など。

3　基盤整備事業への取組方針

・農用地の大区画化・汎用化等の基盤整備事業の工種や導入時期など。

4　多様な経営体の確保・育成の取組方針

・新規就農者や経営の規模の大小、家族か法人かの別にかかわらず、地域農業を支える多様な経営体の確保・育成や関係機関との連携など。

5　農業協同組合等の農業支援サービス事業体等への農作業委託の活用方針

・バンクへの集積を踏まえ、農業支援サービス事業体等への地域の状況に応じた農作業の委託方法など。

任意事項（地域の実情に応じて協議）

1　鳥獣被害防止対策（地域における放牧・鳥獣緩衝帯、侵入防止柵など）
2　有機・減農薬・減肥料（取組面積の拡大や、生産団地の形成など）
3　スマート農業（AIやIoT、無人ロボット、ドローンなどの先端技術の活用など）
4　輸出（輸出に向けた作物選定や体制づくりなど）
5　果樹等（果樹等の改植や整備、団地形成など）
6　燃料・資源作物等（搾油作物などの資源作物の導入や団地形成など）
7　保全・管理等（農業上の利用が困難な農地における放牧、蜜源作物の作付け、鳥獣緩衝帯など）
8　農業用施設（農業用施設を設置する範囲、整備する時期や用途など）
9　その他（地域の実情に応じて追加）

協議の場の取りまとめ（記載例）

市町村名 （市町村コード）	○○市 （123456）
地域名 （地域内農業集落名）	○○地区 （A集落、B集落、C集落・・・・・）
協議の結果を取りまとめた年月日	令和○○年○○月○○日 （第○○回）

1　地域における農業の将来の在り方

（1）　地域農業の現状及び課題

当地区は、農業者の平均年齢○歳と高齢化が進み、遊休農地の更なる増加が懸念されることから、持続的に農地の利用を図りながら地域の活性化を進めるためには、新規就農者を確保・育成しつつ、地域住民などを交え地域全体で農地を利用していく仕組みの構築が喫緊の課題である。このため、分散する担い手の農地を集約化するとともに、地域で取り組める新たな作物や栽培方法を検討していく必要がある。
【地域の基礎的データ】農業者：○○人（うち50歳代以下○人）、団体経営体（法人・集落営農組織等）○経営体、従業員等○人
主な作物：水稲、大豆、トマト

（2）　地域における農業の将来の在り方

地域の特産物である○○について有機農業の取組を段階的に進めるため農地の集積・集約化を進め、さらに農作業の効率化を図るため、スマート農業の導入を進める。また、地域コミュニティーの活性化のため、地域内外から農地を利用する者を確保し、担い手への農地の集約化に配慮しつつ、農業を担う者への農地の再分配を進めることができるよう必要な条件整備を実施し、地域と担い手が一体となって農地を利用していく体制の構築を図る。

2　農業上の利用が行われる農用地等の区域

（1）　地域の概要

区域内の農用地等面積	○○ha
うち農業上の利用が行われる農用地等の区域の農用地等面積	○○ha
（うち保全・管理等が行われる区域の農用地等面積）【任意記載事項】	○○ha

（2）農業上の利用が行われる農用地等の区域の考え方（範囲は、別添地図のとおり）

農業振興地域農用地区域内の農地及びその周辺の農地を農業上の利用が行われる区域とし、その区域と住宅地又は林地との間にある農地は保全・管理を行う区域とする。

協議の場のとりまとめ（記載例）

3　農業の将来の在り方に向けた農用地の効率的かつ総合的な利用を図るために必要な事項

（1）農用地の集積、集約化の方針

・農地中間管理機構を活用して、認定農業者や新規就農者を中心に団地面積の拡大を進めるとともに、担い手への農地集積を進める。

（2）農地中間管理機構の活用方針

・地域全体の農地を農地中間管理機構に貸し付け、担い手の経営意向を斟酌し、段階的に集約化を進める。

（3）基盤整備事業への取組方針

・担い手のニーズを踏まえ、農地中間管理機構関連農地整備事業を活用し、農用地の大区画化・汎用化等のための基盤整備を○年度までに実施する。

（4）多様な経営体の確保・育成の取組方針

・市町村やJAと連携し、地域内外から多様な経営体を募集し、栽培技術や農業用機械のレンタルなどの支援や生産する農地をあっせんし、相談から定着まで切れ目のない取り組みを展開する。

（5）農業協同組合等の農業支援サービス事業体等への農作業委託の活用方針

・地域内で農作業の効率化を図るため○○作業は○○事業体へ委託するとともに、それ以外の○○・○○・○○の作業並びに担い手が引き受けるまでの作業は、○○事業体に委託し、遊休農地の発生防止を図る。

以下任意記載事項（地域の実情に応じて、必要な事項を選択し、取組方針を記載してください。）

☑	①鳥獣被害防止対策	☑	②有機・減農薬・減肥料		③スマート農業	④輸出	⑤果樹等
	⑥燃料・資源作物等		⑦保全・管理等	☑	⑧農業用施設	⑨その他	

【選択した上記の取組方針】
①イノシシやシカの被害が拡大しないよう防止柵を設置するとともに、目撃情報や被害情報があった場合には速やかに対応できる体制を構築する。併せて地域内外から捕獲人材の確保・育成を進める。
②地域特産物の○○を対象に有機農業への切り替えを段階的に進めるため、○○地区において管理協定の締結を進める。
⑧担い手の営農や農業を担う者の利用状況などを考慮し、出荷・調製施設など農業用施設の集約化を進める。

＜協議の結果の内容の程度（改正基盤法第18条・第19条、改正基盤法施行令第6条第2項・第3項）＞

十分な協議がなされない場合や、協議の結果話し合いがまとまらない場合、地域計画に定めるべき事項が地域の農業の現状に照らして適切な水準に達していない場合に拙速に地域計画を定めることは、地域計画の趣旨に照らして適当ではありません。

このため、地域計画は、協議結果の内容が農用地の効率的かつ総合的な利用を図る上で相当であると市町村が認めた場合に定めてください。

認められないときは、次の協議を円滑に実施するために必要な措置（農用地の出し手となる所有者等や受け手となる認定農業者などの関係者との調整や、協議内容に関するアンケートの実施、協議をコーディネートする専門家の活用など）を行う必要があります。

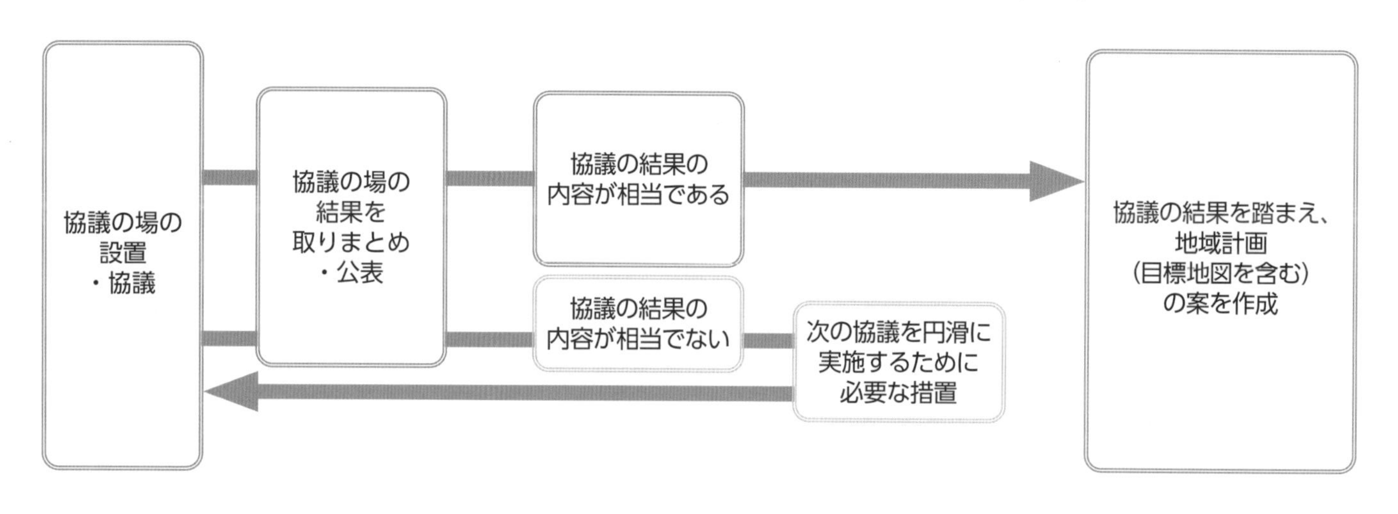

協議結果の公表

市町村は協議結果を取りまとめ、市町村の公報やインターネットなどを通じ、協議参加者や地域住民が見ることができるよう工夫して公表しましょう。

「目標地図」の素案の作成（基盤法第20条）

市町村は、地域計画を定めるにあたって、農業委員会に「目標地図（10年後に目指すべき農地の効率的・総合的な姿を明確化する地図）」の素案の作成を求めることができます。

農業委員会は、市町村の求めを受け、農業者の農業上の利用の意向などを勘案して、農地中間管理機構等と協力して「目標地図の素案」を作成し、市町村に提出します。

農業委員会は、以下の３点を勘案して素案を作成します。

1　区域内の農用地の保有及び利用状況
2　当該農用地を保有し、又は利用する者の農業上の利用の意向
3　その他当該農用地の効率的かつ総合的な利用に資する情報

作成手順

農業委員会は、農地の出し手・受け手の意向を踏まえ、「目標地図の素案」を作成し、市町村に提出します。提出を受けた市町村は、農業委員会と連携し地域の徹底した話し合いを通じて出し手・受け手との調整をできる限り進めます。

調整に当たり「目標地図は農地ごとに将来の受け手をイメージとして記すものであり、これによって権利が設定されるものでないこと」「権利設定のタイミングは目標年度まで柔軟に調整でき、農地の出し手が将来耕作できなくなった段階で受け手が引き受ければよいこと」などを丁寧に説明しましょう。

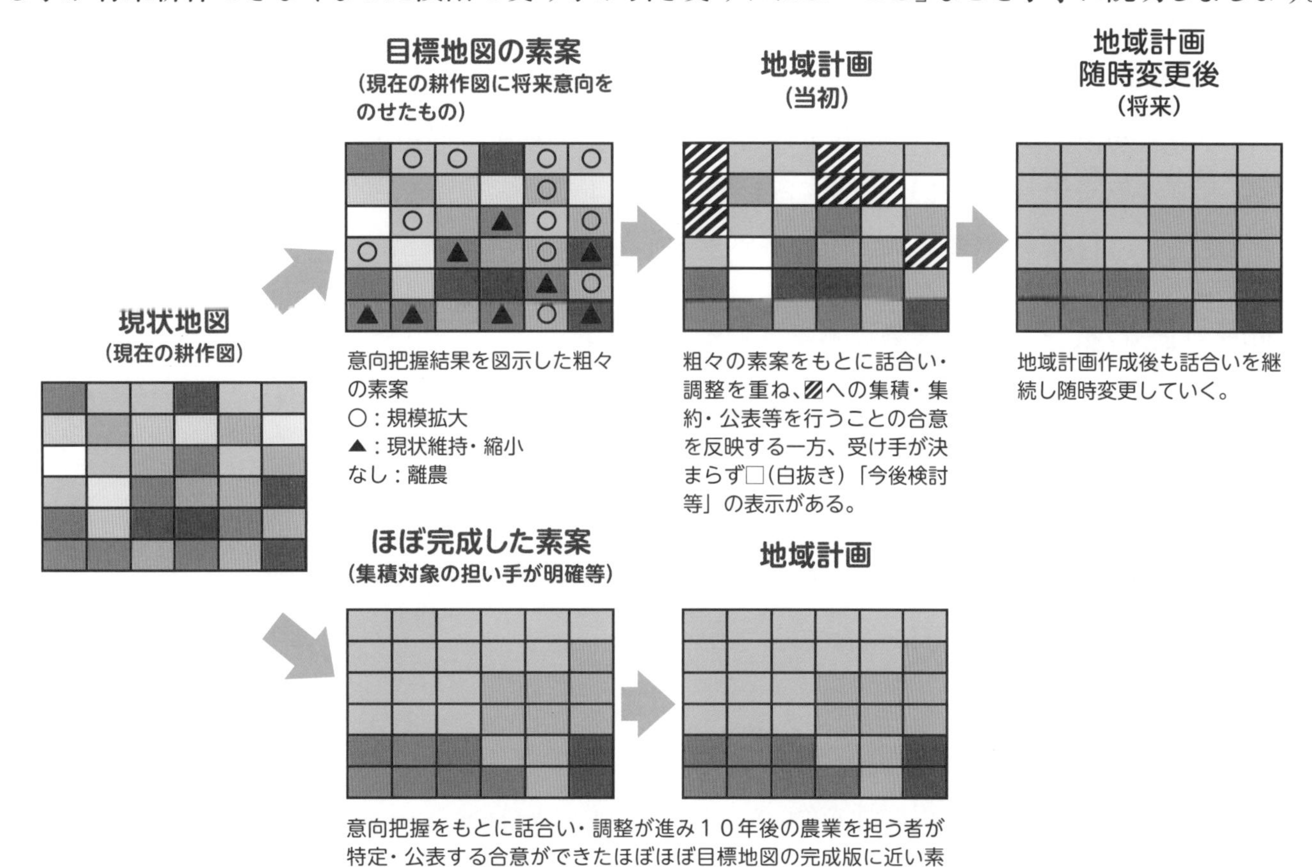

地域計画を策定しましょう （基盤法第 19 条）

地域で守り続けてきた農地を次の世代に引き継いでいくため、農作業がしやすく、手間や時間、生産コストを減らすことができる農地の集約化等の実現に向け、地域の関係者が一体となって話し合い、将来の方向性を決めていくことが重要です。

協議結果を踏まえて、市町村は、地域の農業の将来の在り方、農地の効率的かつ総合的な利用に関する目標（目標とする農地利用の姿を示した地図を含む）などを定めた計画（地域計画）を定めます。

※）市街化区域においては、地域計画の策定は行いません。

地域計画の内容

1　地域計画の区域
2　１の区域における農業の将来の在り方
3　２に向けた農用地の効率的かつ総合的な利用に関する目標　等

＜地域計画の基準（改正基盤法省令第１８条）＞

農林水産省令で定める基準は、以下の事項が適切に定められていることとしています。

1　生産する主な農畜産物
2　農用地等の利用の方針
3　担い手（効率的かつ安定的な農業経営を営む者）に対する農用地の集積に関する目標
4　農用地の集団化（集約化）に関する目標
5　３及び４の目標を達成するためとるべき措置

＜地域計画の要件（改正基盤法第１９条第４項）＞

1　基本構想に即するとともに、農業振興地域整備計画その他法律の規定による地域の農業の振興に関する計画との調和が保たれたものであること。

2　効率的かつ安定的な農業経営を営む者に対する農用地の利用の集積、農用地の集団化その他の地域計画の区域における農用地の効率的かつ総合的な利用を図るため必要なものとして農林水産省令で定める基準に適合すること。

「効率的かつ安定的な農業経営」とは

経営の効率化を上げて生産性を高め、長期にわたり安定的に所得を確保して農業を行っていくような経営

「農用地の効率的かつ総合的な利用」とは

農地が使われなくなることがないように集積・集約化等により、農地の利用の効率化を上げて生産性を高め、農地が適切に使われるようにすることであり、このことが、個々の農地だけでなく、地域全体で総合的に図られるようにすること

＜地域計画の期間（改正基盤法第 19 条、改正基盤法施行令第７条第１項）＞

地域計画は、農業の将来の在り方を考え、それを実現していくマスタープランとなるものです。地域の農業の情勢の変化に対応するため、基本構想の計画期間と同様、おおむね５年ごとに、その後の 10 年間について定めることとされています。

地域計画記載例

これまでの人・農地プランに赤枠部分のみ追記するイメージです。

策定年月日	令和〇年〇月〇日
更新年月日	令和〇年〇月〇日 （第〇回）
目標年度	令和〇〇年度
市町村名 （市町村コード）	〇〇市 （〇〇〇〇〇）
地域名 （地域内農業集落名）	〇〇地区 （A集落、B集落、C集落・・・・・・・・・・・・・・・・・・）

1　地域における農業の将来の在り方

（1）　地域計画の区域の状況

地域内の農用地等面積（農業上の利用が行われる農用地等の区域）	〇〇ha
①　農業振興地域のうち農用地区域内の農地面積	〇〇ha
②　田の面積	〇〇ha
③　畑の面積（果樹、茶等を含む）	〇〇ha
④　区域内において、規模縮小などの意向のある農地面積の合計	〇〇ha
⑤　区域内において、今後農業を担う者が引き受ける意向のある農地面積の合計	〇〇ha
（参考）　区域内における〇才以上の農業者の農地面積の合計（※年齢は地域の実情を踏まえて記載）	〇〇ha
うち後継者不在の農業者の農地面積の合計	〇〇ha
（備考）遊休農地〇〇ha（うち1号遊休農地〇〇ha、2号遊休農地〇〇ha） ⑤は、〇〇市内で引き受ける意向のあるすべての農地面積の合計。	

（2）　地域農業の現状と課題

・　今後認定農業者等が引き受ける意向のある農地面積よりも、後継者不在の農業者の農地面積が、A集落では〇ha、C集落では〇haと多く、新たな農地の受け手の確保が必要。
・　担い手が利用する農地面積の団地数は平均〇個所、〇aであり、集約化が必要。
・　地域の活性化を図るため新たな作物の導入や有機農業への取組が課題。

（3）　地域における農業の将来の在り方（作物の生産や栽培方法については、必須記載事項）

・〇〇を主要作物としつつ、地域の特産物である〇〇を段階的に有機農業に切り替え、団地化を形成する。併せて新規作物〇〇を導入し、農業を担う者を含めて栽培方法を確立する。
・A集落は認定農業者a、b、cに、B集落はd法人に、C集落は集落営農法人eに集約化を進めつつ、地域外から希望する認定農業者や認定新規就農者を受入れ、さらに農業を担う者を募り、地域全体で利用する仕組みの整備を進める。

2　農業の将来の在り方に向けた農用地の効率的かつ総合的な利用に関する目標

（1）農用地の効率的かつ総合的な利用に関する方針

農地バンクへの貸付けを進めつつ、担い手（認定農業者、〇〇法人、集落営農法人）への農地の集積・集約化を基本としつつ、担い手の農作業に支障がない範囲で農業を担う者により農地利用を進める。

（2）担い手（効率的かつ安定的な経営を営む者）に対する農用地の集積に関する目標

現状の集積率	〇〇%	将来の目標とする集積率	〇〇%

（3）農用地の集団化（集約化）に関する目標

担い手が利用する農地面積の団地数及び面積は、〇個所、平均〇a（令和〇年度時点）
団地数の半減及び団地面積の拡大を進める。（令和〇〇年度）

※担い手は、認定農業者、認定新規就農者、集落営農、基本構想水準到達者とする。

地域計画記載例

3　農業者及び区域内の関係者が2の目標を達成するためとるべき必要な措置（必須項目）

(1)農用地の集積、集団化の取組
担い手を中心とした農地の集積・集約化を進めるため団地面積の拡大を図りつつ、新規就農者向けの小規模圃場の団地化を図り、農地バンクを通じて集団化を進める。
(2)農地中間管理機構の活用方法
地域全体を農地バンクに貸し付け、担い手への経営意向を踏まえ、段階的に集約化する。その際所有者の貸付意向時期に配慮する。
(3)基盤整備事業への取組
A集落において、農地の大区画化・汎用化等の基盤整備を○○までに計画する。
(4)多様な経営体の確保・育成の取組
地域内外から、多様な経営体を募り、意向を踏まえながら担い手として育成していくため、市町村及びJAと連携し、相談から定着まで切れ目なく取り組んでいく。
(5)農業協同組合等の農業支援サービス事業体等への農作業委託の取組
作業の効率化が期待できる防除作業は、○○(株)への委託を進める。

以下任意記載事項（地域の実情に応じて、必要な事項を選択し、取組内容を記載してください。）

☑	①鳥獣被害防止対策	☑	②有機・減農薬・減肥料		③スマート農業		④輸出		⑤果樹等
	⑥燃料・資源作物等		⑦保全・管理等	☑	⑧農業用施設		⑨その他		

【選択した上記の取組内容】

①地域による鳥獣被害対策の集落点検マップ（侵入防止柵や檻の設置状況、放置果樹や目撃・被害発生場所等）づくりや、連絡網の整備や新たな捕獲人材を募集し、地域で育成していく。
②○○地区において、管理協定を早急に締結し、地域の特産物である○○を段階的に有機農業に切り替えていく。
⑧担い手の営農や農業を担う者の利用状況などを考慮し、出荷・調製施設など農業用施設の集約化を進める。

4　地域内の農業を担う者一覧（目標地図に位置付ける者）

属性	農業者	現状			10年後 （目標年度：令和○年度）				
		経営作目等	経営面積	作業受託面積	経営作目等	経営面積	作業受託面積	目標地図上の表示	備考
認農	○○○○	水稲、麦	10ha	ーha	水稲、麦	13ha	ーha	A	E
認農	□□□□	水稲、果樹	5ha	ーha	水稲、果樹	8ha	ーha	B	A・D
到達	▲▲▲▲	野菜	5ha	ーha	野菜	7ha	ーha	C	D
認農	(株)○○	水稲、野菜	30ha	ーha	水稲、野菜	50ha	10ha	D	ー
集	●●組合	水稲、大豆	40ha	10ha	水稲、大豆	40ha	20ha	E	ー
利用者	☆☆☆☆	野菜	0. 5ha	ーha	野菜	1ha	ーha	F	D
サ	△△(株)	耕起、播種、収穫	ーha	ーha	耕起、播種、収穫	ーha	10ha	G	ー
農協	◇◇JA	耕起、田植、収穫	ーha	ーha	耕起、田植、収穫	ーha	20ha	H	ー
計			90. 5ha	10ha		119ha	60ha		

5　農業支援サービス事業体一覧（任意記載事項）

番号	事業体名（氏名・名称）	作業内容	対象品目
1	(株)○○	肥料・農薬散布	野菜、果樹
2	△△JA	田植え・播種	飼料作物

6　目標地図（別添のとおり）

7　基盤法第22条の3（地域計画に係る提案の特例）を活用する場合には、以下を記載してください。

農用地所有者等数（人）	50	うち計画同意者数（人・%）	40　（80%）

地域計画は２年間で作成します（基盤法附則第４条）

地域計画（目標地図を含む）は、改正法の施行日（令和５年４月１日）から２年（令和７年３月末）までの間に策定することとされています。

地域計画の策定手順

地域計画（目標地図を含む）は、地域の実情を踏まえ、徐々に作り上げていくように進めていくことが重要です。

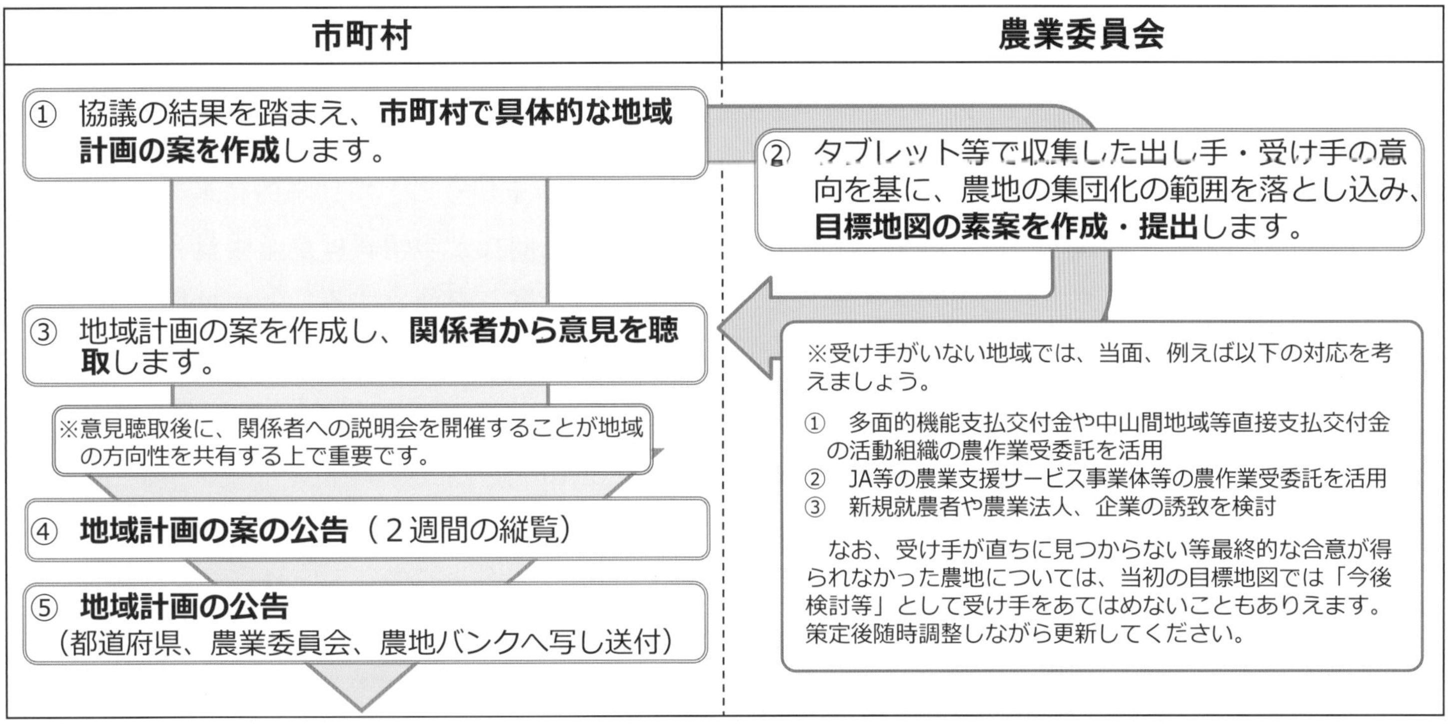

市町村	農業委員会
① 協議の結果を踏まえ、**市町村で具体的な地域計画の案を作成**します。	
	② タブレット等で収集した出し手・受け手の意向を基に、農地の集団化の範囲を落とし込み、**目標地図の素案を作成・提出**します。
③ 地域計画の案を作成し、**関係者から意見を聴取**します。 ※意見聴取後に、関係者への説明会を開催することが地域の方向性を共有する上で重要です。	※受け手がいない地域では、当面、例えば以下の対応を考えましょう。 ① 多面的機能支払交付金や中山間地域等直接支払交付金の活動組織の農作業受委託を活用 ② JA等の農業支援サービス事業体等の農作業受委託を活用 ③ 新規就農者や農業法人、企業の誘致を検討 なお、受け手が直ちに見つからない等最終的な合意が得られなかった農地については、当初の目標地図では「今後検討等」として受け手をあてはめないこともありえます。策定後随時調整しながら更新してください。
④ **地域計画の案の公告**（２週間の縦覧）	
⑤ **地域計画の公告** （都道府県、農業委員会、農地バンクへ写し送付）	

地域計画の公告

◆地域計画の公告までの手続き

＜関係者の意見聴取（改正基盤法第 19 条第６項）＞

市町村は、地域計画を定めるとき、または変更しようとするとき（軽微な変更を除く）は、あらかじめ、農業委員会、農地中間管理機構、農業協同組合、土地改良区その他の関係者の意見を聴く必要があります。

地域計画の案の公告の前に説明会を実施し、できる限り地域の理解を得られるように配慮してください。

＜地域計画の案の公告（改正基盤法第 19 条第 7 項、改正基盤法省令第 20 条）＞

市町村は、地域計画を定めるとき、または変更しようとするとき（軽微な変更を除く）は、市町村の公報への掲載やインターネット等を通じて公告し、公告の日から２週間公衆の縦覧に供する必要があります。

利害関係人は、縦覧期間満了の日までに市町村に意見書を提出することができます。

＜地域計画の公告（改正基盤法第 19 条第 8 項、改正基盤法省令第 20 条の 2）＞

市町村は、地域計画を定めたときは、市町村の公報への掲載やインターネット等を通じて公告しましょう。その際、都道府県、農業委員会、農地バンクに写しを電子データ等で送付しましょう。

農業委員会サポートシステムを活用しましょう

「目標地図の素案」の作成は、農業委員会サポートシステムを使うことで効率的に進めることができます。タブレットなどで収集した出し手・受け手の意向などの情報は農業委員会サポートシステムに反映されるため、システム上で「目標地図の素案」を作成することが可能となっています。

以下の機能を積極的に活用してみましょう。

・年代別、意向別、受け手別等の地図の作成

・把握した意向情報をもとに集積・集約のシミュレーション（目標地図の素案のシミュレーション）が可能

※下図は、規模縮小を希望する農家の農地を規模拡大したい農家に集積する場合のシミュレーション（水玉模様が該当農地）

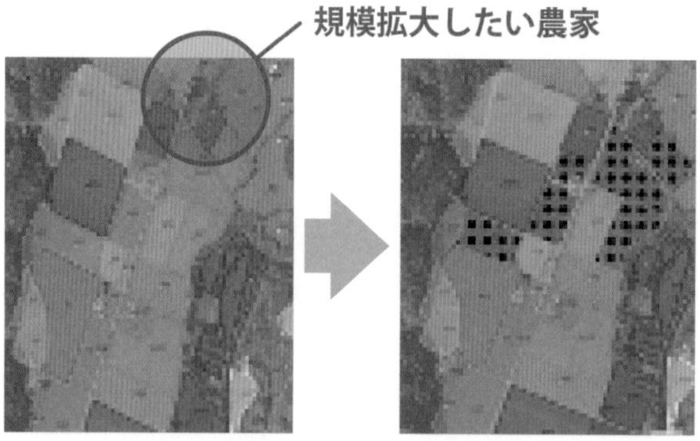

シミュレーション前
（耕作者で色分け）

シミュレーション後
（水玉模様が集積された農地）

地域計画に関連した補助事業があります

【主な中心経営体関連事業】

農地利用効率化等支援交付金、集落営農活性化プロジェクト促進事業、担い手確保・経営強化支援事業、スーパーＬ資金、農業近代化資金、農地売買等支援事業、経営継承･発展等支援事業、経営開始資金

【主な対象地区関連事業】

地域集積協力金、集約化奨励金、強い農業づくり総合支援交付金、農地耕作条件改善事業

地域計画の実現に向けた支援

地域計画は、策定するだけでなく、実現に向けて実行することが大切です。

市町村は、地域計画に定めた「農業の将来の在り方に向けた農用地の効率的かつ総合的な利用に関する目標」の進み具合を確認しましょう。例えば、①農用地の集積・集約化、②農地中間管理機構の活用方法、③新規就農者や入作者の確保などが思うように進んでいない場合には、ＰＤＣＡサイクルを通じて不断の検証を行うことが大切です。

地域計画の実行にあたっては、市町村、農業委員会、農地バンク、ＪＡ、土地改良区などの関係者が連携しながら、地域一体となって取り組んでいきましょう。特に農地バンクを活用して、目標地図に位置付けられた者への農地の貸し付けを働きかけましょう。

目標地図に位置付けられた者に変更があった場合には地域計画を変更します。まとめて変更することも可能とされています。

＜地域計画の軽微な変更（改正基盤法第 19 条第 6 項、改正基盤法省令第 19 条）＞

関係者の意見聴取、地域計画の案の縦覧が不要な軽微な変更は、次のとおりです。

1 地域の名称又は地番の変更

2 農用地等を利用する農業を担う団体の法人化

3 相続

4 実質的な変更を伴わない変更

ポイント 2

農地の集約化の手法等

「農用地利用集積計画」と「農用地利用配分計画」
「農用地利用集積等促進計画」（促進計画）に一本化されました

市町村が定める「農用地利用集積計画」と農地中間管理機構（農地バンク）が定める「農用地利用配分計画」が統合し、「農用地利用集積等促進計画」（促進計画）に一本化されました。

農地バンクは、農業委員会などの意見を聴いて、農用地の貸し借りや農作業受委託などについて定める「農用地利用集積等促進計画」を定め、都道府県知事の認可を受けます。（**機構法第18条、農用地利用集積等促進計画**）

これにより、農地の権利移動の手法は原則、農用地利用集積等促進計画と農地法第３条の２つに集約されました。

「人・農地プラン」の法定化により地域での話し合いにより目指すべき将来の農地利用の姿を明確化する「地域計画」（**基盤法第 19 条**）と併せ、今後は２つの計画に沿って農地の集約化を進めていくことになります。

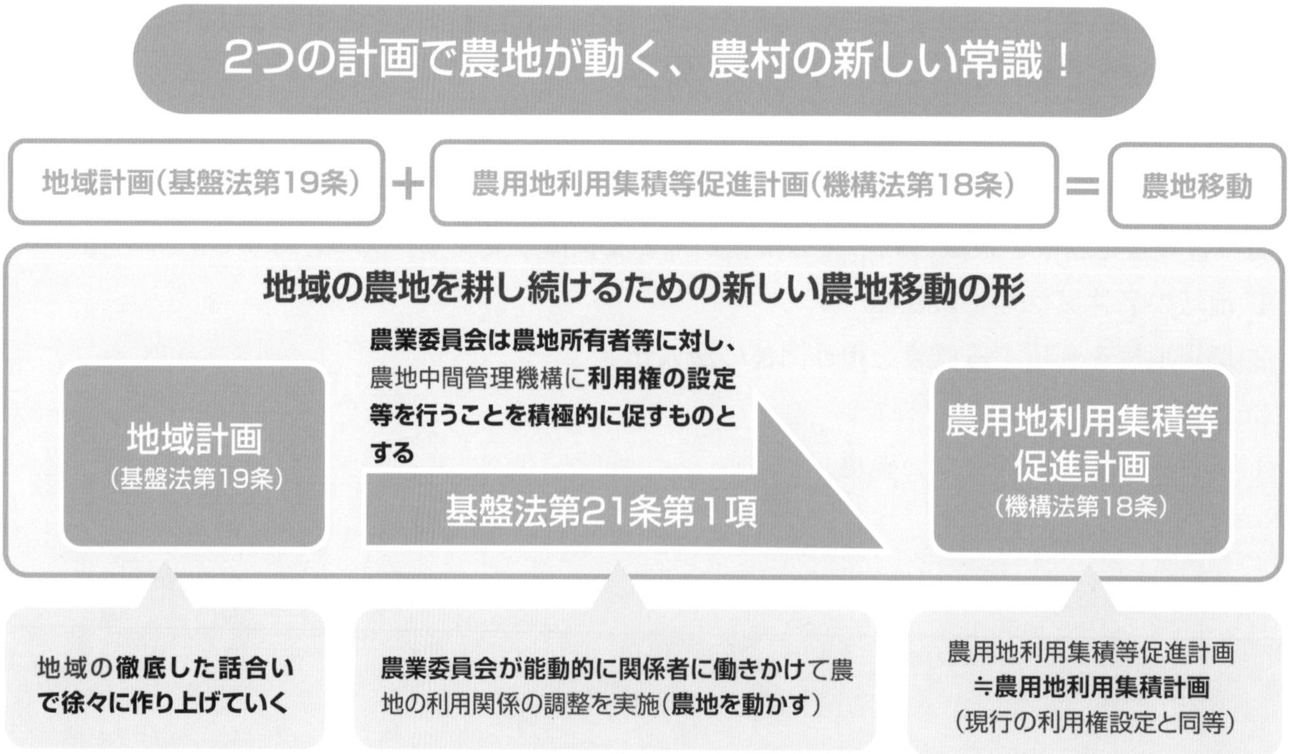

2つの計画で農地が動く、農村の新しい常識！

地域計画（基盤法第19条）＋農用地利用集積等促進計画（機構法第18条）＝農地移動

地域の農地を耕し続けるための新しい農地移動の形

地域計画（基盤法第19条）

農業委員会は農地所有者等に対し、農地中間管理機構に**利用権の設定等を行うことを積極的に促すものとする**

基盤法第21条第1項

農用地利用集積等促進計画（機構法第18条）

地域の**徹底した話合いで徐々に作り上げていく**

農業委員会が能動的に関係者に働きかけて農地の利用関係の調整を実施（**農地を動かす**）

農用地利用集積等促進計画
≒農用地利用集積計画
（現行の利用権設定と同等）

地域計画に「農業を担う者」として位置づけられた経営体に対し農業委員会等は、農地が集積されるよう農地の所有者等へ積極的に促し、促進計画により権利設定を行います。「農業を担う者」以外へ権利設定をする際は地域計画の変更が必要ですが、地域計画への記載が確定した場合は促進計画を先行することも可能です。

「促進計画」策定で農業委員会の意見を聴きます

農地バンクは地域との調和に配慮しつつ、地域計画の区域において事業を重点的に行うこととされました。**（機構法第 17 条、農地中間管理事業の実施）**

農地バンクが「農用地利用集積等促進計画」を定める際は、農業委員会と市町村等の意見を聴かなければならないとされました。**（機構法第 18 条第 3 項、農用地利用集積等促進計画）**

さらに、農業委員会が必要と認めるときは、地域計画の内外を問わず農地バンクに「農用地利用集積等促進計画」を策定することを要請できるようになり、農地バンクは要請内容を勘案して計画を定めることになりました。**（機構法第 18 条第 11 項、第 12 項、農用地利用集積等促進計画）**

これらの措置により、市町村、農業委員会等と農地バンクが連携を深めることが期待されています。

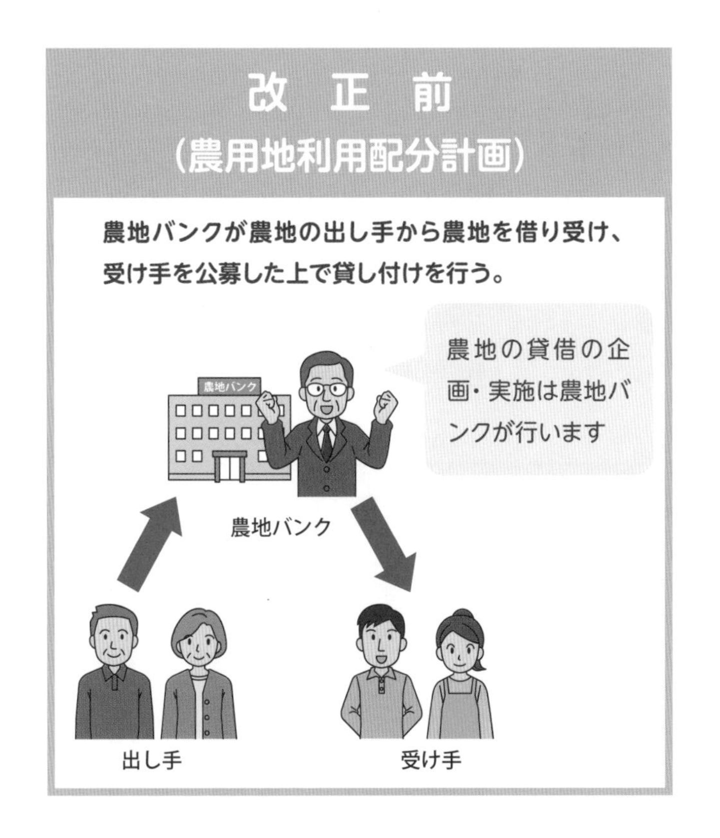

農業委員会は農地バンクの活用を促します

農業委員会は、地域計画の達成に向け、地域計画の区域内の農用地の所有者等に農地バンクへの貸し付け（賃借権の設定、農作業の委託など）を積極的に促すことになりました。**（基盤法第 21 条第 1 項、農業委員会による利用権の設定等の促進等）**

農地バンクは、農地の所有者等に農地の借入れ等（農地中間管理権の取得、農業経営等の受

託）を積極的に申し入れます。（**機構法第８条第３項第３号イ、農地中間管理事業規程**）

地域計画の区域内の農用地の所有者等は、農地バンクに対する利用権の設定等を行うように努めます。（**基盤法第 21 条第２項、農業委員会による利用権の設定等の促進等**）

市町村は、地域計画の区域内の農用地等について農地バンクへの利用権の設定等が必要なときは、所有者などに機構と協議すべきことを勧告します。（**基盤法第 22 条の２、利用権の設定等に関する協議の勧告**）

これらの措置を踏まえ、農業委員会等の関係機関は、地域計画の達成に向けて積極的に農地バンクを活用することが求められます。

また、機構法第 18 条第 11 項で農業委員会は、実質的な配分計画の案を示して農地バンクへ促進計画を定めるべきことを要請できると規定されています。これは地域計画が定められていない地域でも実施できます。

「地域計画」策定を提案する特例が設けられました

農地バンクに区域の農地を貸し付け、集約化に積極的に取り組む特に意欲の高い地域を対象に「地域計画の特例」が設けられています。

この特例を活用すると、農業委員会または農用地の所有者等は、農地バンクと所有者等の３分の２以上の同意を得て、対象区域内の農用地等について所有者などから利用権の設定等を受ける者を農地バンクとする（貸付け等を行う際には相手方を農地バンクに限定する）ことを地域計画に定めるよう市町村に提案することができます。

提案を受けた市町村は、提案に基づいて地域計画を定める、または変更することについて、提案した者に通知しなければなりません。（**基盤法第 22 条の３、地域農業経営基盤強化促進計画に係る提案**）

提案を受けて定められた地域計画の対象区域内の農用地の所有者等は、農地バンク以外の者に利用権の設定等を行うことができません（農地バンクに貸し付けた農用地等は、地域計画に支障が生じる恐れがないときは自ら借り受けることができます）。（**基盤法第 22 条の４、地域農業経営基盤強化促進計画の特例に係る区域における利用権の設定等の制限**）

地域計画の特例

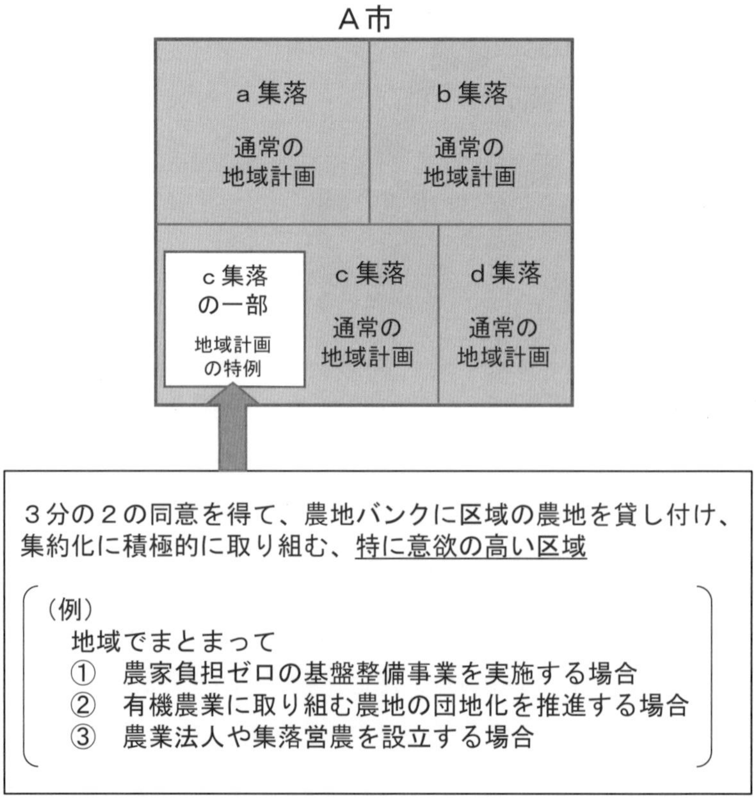

A市

a 集落 通常の地域計画	b 集落 通常の地域計画	
c 集落の一部 地域計画の特例	c 集落 通常の地域計画	d 集落 通常の地域計画

３分の２の同意を得て、農地バンクに区域の農地を貸し付け、集約化に積極的に取り組む、特に意欲の高い区域

（例）
地域でまとまって
① 農家負担ゼロの基盤整備事業を実施する場合
② 有機農業に取り組む農地の団地化を推進する場合
③ 農業法人や集落営農を設立する場合

農地バンクは「促進計画」の案の策定を市町村長に求めることができます

「農用地利用集積等促進計画」（促進計画）は、農地バンクが計画案の策定を市町村長等に求めることができるとともに（**機構法第19条第2項、計画案の提出等の協力**）、市町村長から農業委員会に事務委任することができます。このことにより、基盤法の「農用地利用集積計画」の原案を市町村で策定していたのと同じように市町村、農業委員会が主体的に促進計画の案を策定することができます。

都道府県知事の認可の公告があったときは、促進計画の定めるところにより賃借などの権利が設定され、または農作業の委託契約が締結されたものとみなされます。（**機構法第18条第8項、第9項、農用地利用集積等促進計画**）

なお、農地バンクの事務負担の軽減のため、従来求められていた添付書類の大幅な簡素化が図られます。

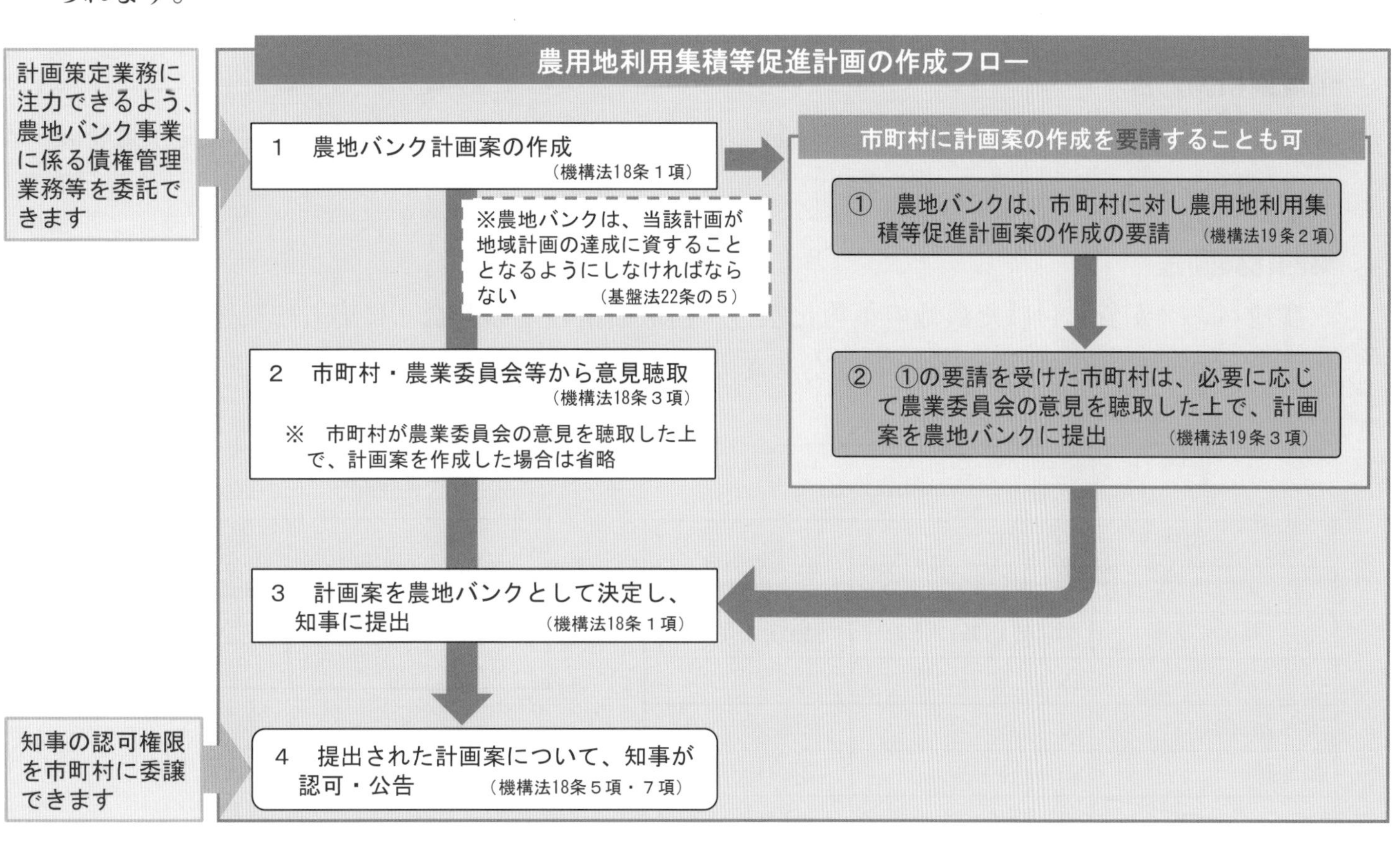

農地バンク活用のメリットが増えました

農家負担ゼロの基盤整備事業（農地中間管理機構関連農地整備事業）

地域計画の区域内において、機構関連整備事業の対象となる農用地に農地バンクが農作業等の委託を受けている農用地が追加されました。

また、対象事業に、区画整理・農用地造成に加えて農業用用排水施設、農業用道路等の整備が追加されました。（**基盤法第22条の6、土地改良法の特例**）

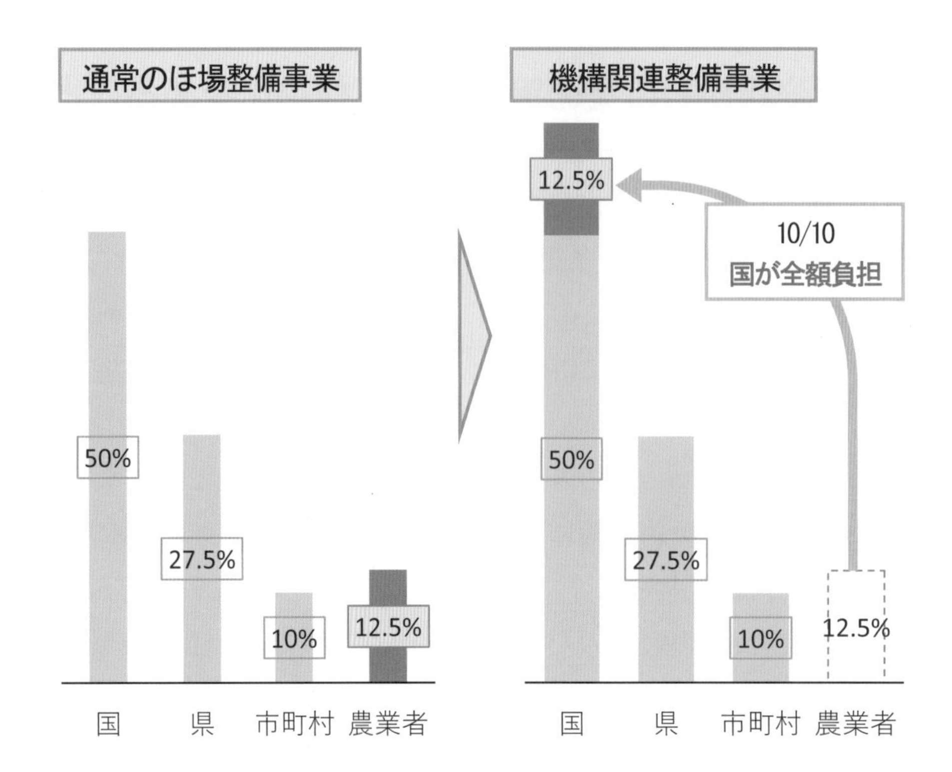

地域集積協力金

地域でまとまった農地を農地バンクに貸し付けた場合、協力金が交付されます（農作業委託の単価は貸付の２分の１となります）。

集約化奨励金

農地バンクが貸し付けた農地の集約化割合（団地面積の増加割合）に応じて奨励金が交付されます（農作業委託の単価は貸付の２分の１となります）。

地域集積協力金（令和５年度）

農地バンクの活用率		交付単価
一般地域	中山間地域	
20％超40％以下	４％超15％以下	1.0万円/10a
40％超70％以下	15％超30％以下	1.6万円/10a
70％超80%以下	30％超50％以下	2.2万円/10a
80％超	50％超80％以下	2.8万円/10a
	80％超	3.4万円/10a

集約化奨励金（令和５年度）

地域の団地面積の割合	交付単価
10ポイント以上増加	1.0万円/10a
20ポイント以上増加	3.0万円/10a

「農地利用最適化推進指針」の策定が義務化されました

農業委員会は、農地利用の最適化の推進（農地の集積・集約化、遊休農地の発生防止・解消、新規参入の促進）について、推進の目標及び方法を定めた指針（農地利用最適化推進指針）を定めるよう努めなければならない（努力義務）とされていましたが、定めなければならない（義務）に変更されました。（**農業委員会法第７条第１項、農地等の利用の最適化の推進に関する指針**）また、最適化推進目標の達成状況の評価方法が追加されています。

農用地区域除外に「地域計画の達成」が追加されました

農地転用のための農用地区域からの除外は、農用地以外の土地とすることが必要かつ適当で、農用地区域以外に代替すべき土地がないこと等の要件を満たす必要がありましたが、「地域計画の達成に支障を及ぼすおそれがないと認められること」の要件が追加されました。**（農振法第 13 条、農業振興地域整備計画の変更）**

遊休農地・所有者不明農地の利用権設定期間が引き上げられました

遊休農地・所有者不明農地については、都道府県知事の裁定により農地バンクに設定される賃借権（利用権）の存続期間（貸付期間）の上限が 20 年から 40 年に引き上げられました。**（農地法第 39 条第 3 項、裁定）**

農業委員会による不明所有者の探索後の公示期間は、６か月から２か月に短縮されました。

遊休農地・所有者不明農地に対する利用権設定の見直し

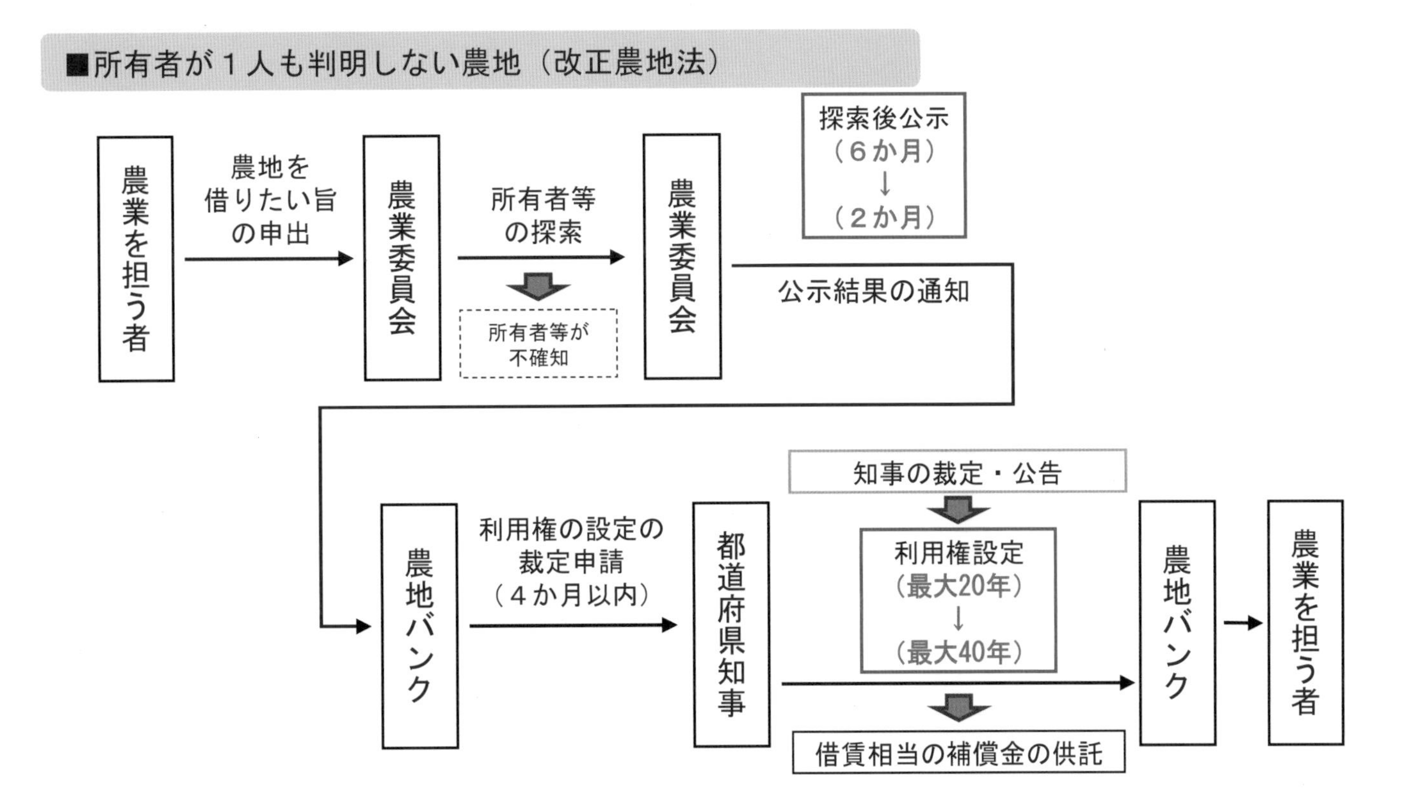

■共有者の１人以上は判明している農地（改正バンク法）

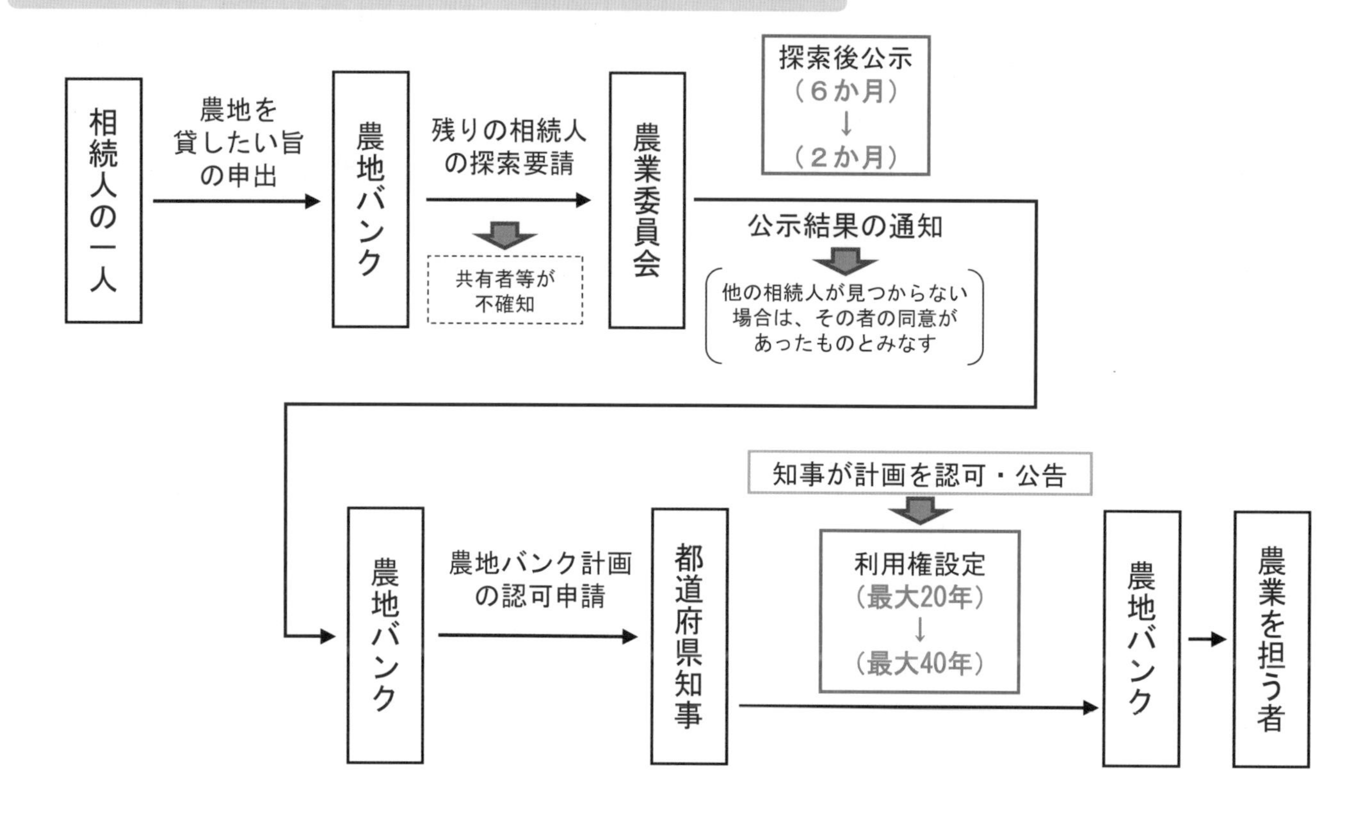

人の確保・育成

基本方針・基本構想に「農業を担う者の確保及び育成」が追加されます

都道府県知事が定める基本方針と市町村が定める基本構想に「農業を担う者の確保及び育成」に関する事項等が追加されました。**（基盤法第5条第2項、農業経営基盤強化促進基本方針／基盤法第6条第2項、農業経営基盤強化促進基本構想）**

改正前は「効率的かつ安定的な農業経営を営む者」（いわゆる担い手）のみの位置付けだったため、対象者の幅が広がりました。

「農業を担う者」については、「農業経営基盤強化促進法の基本要綱」において以下のように整理されています。

①認定農業者等の担い手（認定農業者、認定新規就農者、集落営農組織、基本構想水準到達者）

②①以外の多様な経営体（継続的に農用地利用を行う中小規模の経営体、農業を副業的に営む経営体等）

③委託を受けて農作業を行う者

「農業を担う者」の確保・育成体制が整備されます

都道府県は、農業を担う者の確保と育成のために必要な援助を行う拠点（農業経営・就農支援センター）としての機能を担う体制を整備し、国等の関係者は、情報の収集、連携協力や援助に努めます。**（基盤法第11条の11、農業経営・就農支援センター／基盤法第11条の12、農業を担う者の確保及び育成を図るための国等の援助）**

「農業経営・就農支援センター」の整備

都道府県は、市町村、農業委員会、農地バンク、ＪＡ等の関係機関と連携協力して「農業経営・就農支援センター」を整備し、経営サポート・就農サポートを一括して実施します。

経営サポート

農業者の課題解決に向け、社会保険労務士、税理士、中小企業診断士等の専門家がアドバイスします。

・農業経営の改善　・円滑な経営継承　・農業経営の法人化 等

就農サポート

就農等希望者の相談に応じ以下のサポートを行います。

・データベースを活用した就農に関する情報提供（農業体験、研修機関等の情報）

・就農候補市町村との調整

認定農業者には…

財務基盤の強化を支援します（政策公庫が「資本性劣後ローン」）

認定農業者の財務基盤の強化を図るため、「資本性劣後ローン」を日本政策金融公庫が融資する資金で措置されます（据置期間の範囲を延長）（**基盤法第13条の3、株式会社日本政策金融公庫法の特例**）

※ **資本性劣後ローン**／長期間にわたり元本返済が不要となるなど、融資条件の面で負債ではなく資本に準じたものとして取り扱われるローン

農業経営の安定に必要な資金　3年以内 → 20年以内

施設の改良等に必要な資金　8年以内 → 25年以内

農業用施設農地を整備します（農地転用手続のワンストップ化）

認定農業者が農業用施設の整備に取り組みやすくなるよう、加工・販売用など農業用施設の整備に関する事項を農業経営改善計画に記載し、市町村が都道府県知事の同意を得て認定した場合、農地転用許可があったものとみなされます（農地転用許可手続のワンストップ化）。（**基盤法第12条、農業経営改善計画の認定等／基盤法第14条／農地法の特例**）

農地取得の下限面積要件が廃止されました

これまでは、農地を取得するためには一定の面積以上を経営する必要がありました（北海道は2ha、都府県は50a。市町村によっては別段の面積を設定している場合がありました）。

しかし、農業者の減少・高齢化が加速化する中で、認定農業者等の担い手だけでなく、経営規模の大小にかかわらず意欲を持って農業に新規に参入する者を地域内外から取り込むことが重要であるため、これらの者の農地等の利用を促進する観点などから面積要件が廃止されました。（**旧農地法第3条第2項第5号、農地又は採草放牧地の権利移動の制限**）

農地取得のための主な要件

① 農地の全てを効率的に利用すること

② 必要な農作業に常時従事すること

③ 周辺の農地利用に支障がないこと

「農地法関係事務に係る処理基準について」の改正案の抜粋・要約

全部効率利用要件	①資産保有目的･投機目的等の農地取得は耕作又は養畜の事業を行うものとは認められない。 ②自家消費を目的とした場合であっても許可することは可能であるが、当該農地の一部のみで耕作の事業を行う場合やその事業が近傍の自然的条件及び利用上の条件が類似している農地の生産性と比較して著しく劣ると認められる場合は効率的に利用して耕作又は養畜の事業を行うものとは認められない。
地域調和要件	①農地が面的にまとまった形で利用されている地域で、小面積の農地の権利取得等によりその利用を分断するような場合許可することができない。 ②「地域計画」の実現に支障を生ずるおそれがある権利取得は許可できない。 ③目標地図（新規参入を促進するエリア等を設定）の実現に資するよう許可の判断をすることが必要。

農地の利用を支える取り組みを推進します

ＪＡが農業経営を行いやすくなるよう、組合員の書面による同意手続きが緩和されました。
※ 組合員 1,200 人超のＪＡは既に緩和済みです。

現　行

総組合員等の３分の２以上の書面同意

総会（総組合員等の半数以上の出席）での３分の２以上の決議

また、委託を受けて行う農作業の実施を促進するため、農作業受託事業の実施者による事業の情報提供、ＪＡ自らの農作業受託等を促進します。

農山漁村活性化法の改正

農業経営基盤強化促進法等の改正と併せて「農山漁村の活性化のための定住等及び地域間交流の促進に関する法律（農山漁村活性化法）」が改正され、令和４年10月１日に施行されました。

今回の改正は、人口の減少や高齢化が深刻化する農山漁村において、農用地の保全等により荒廃防止を図りつつ、活性化の取り組みを計画的に推進することを目的としています。

活性化事業に「農用地の保全等に関する事業」が追加されました

都道府県または市町村が作成する活性化計画に記載できる事業（活性化事業）に、「農用地の保全等に関する事業※（放牧、鳥獣緩衝帯、林地化等）」が追加されました。

※農用地の保全を図るための当該農用地の管理及び農用地の農業上の利用を確保するための当該農用地の周辺の土地の利用に関する事業であって、定住等及び地域間交流の促進に資する事業

活性化事業には、都道府県知事に協議し同意を得た場合、農地法に基づく農地転用許可、農業振興地域の整備に関する法律に基づく開発許可、都市計画法に基づく開発行為の許可等についての手続きの迅速化が図られます。（活性化法第５条、活性化計画の作成等）

農山漁村活性化法のスキーム

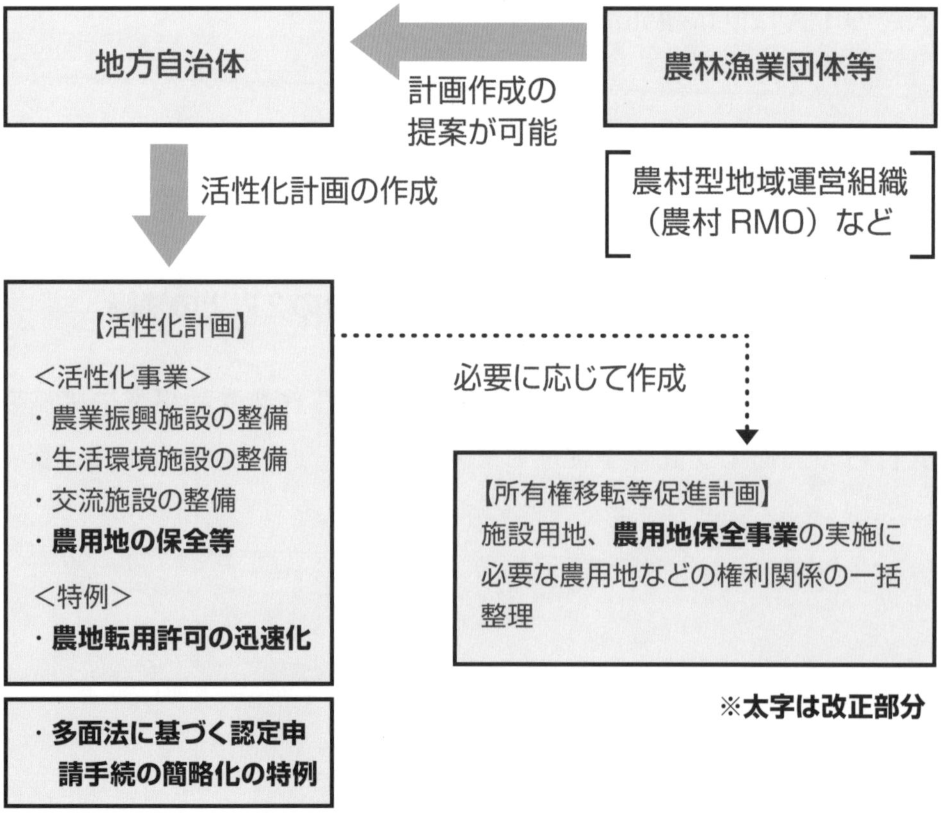

地方自治体

計画作成の
提案が可能

農林漁業団体等

［農村型地域運営組織
（農村 RMO）など］

活性化計画の作成

【活性化計画】
＜活性化事業＞
・農業振興施設の整備
・生活環境施設の整備
・交流施設の整備
・**農用地の保全等**
＜特例＞
・**農地転用許可の迅速化**

必要に応じて作成

【所有権移転等促進計画】
施設用地、**農用地保全事業**の実施に必要な農用地などの権利関係の一括整理

・**多面法に基づく認定申請手続の簡略化の特例**

※太字は改正部分

「活性化計画」は「地域計画」と一体的に推進します

「活性化計画」は地域の話し合いに基づき「地域計画」と一体的に推進します。

農地については、農業上の利用が行われることを基本として、まず、基盤法に基づき、農業上の利用が行われる農用地等の区域について「地域計画」を策定します。

その上で、農業生産利用に向けた様々な努力を払ってもなお農業上の利用が困難である農地は、農用地の保全等に関する事業を検討し、粗放的な利用等を行う農地については必要に応じて農山漁村活性化法に基づく「活性化計画」を策定します。

両法に基づく地域の土地利用についての話し合いを一体的に行い、両法による措置を一体的に推進することで地域の農地の利用・保全等を計画的に進め、農地の適切な利用を確保します。

「地域計画」と「活性化計画」

地域計画で「農業上の利用が行われる地域」を明確化するとともに、農用地等として維持することが極めて困難な場所は活性化計画で「保全などを進める地域」として設定します。

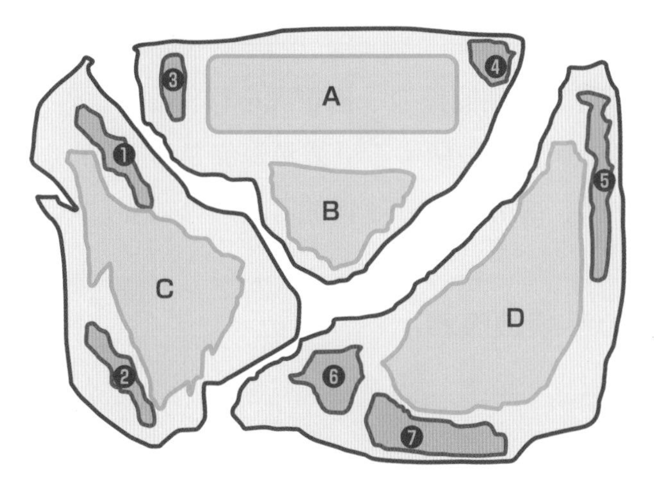

集落

A〜D　集積・集約化 ⟶ 基盤法

❶〜❼　農地の保全（粗放的利用） ⟶ 活性化法

農地の保全、粗放的利用の一例

①燃料作物 ②緑肥作物 ③景観作物 ④蜜源作物
⑤農福連携の農園 ⑥鳥獣緩衝帯 ⑦放牧 ⑧ビオトープ
⑨植林（計画的な林地化）等

農用地の保全等に関する事業

放 牧

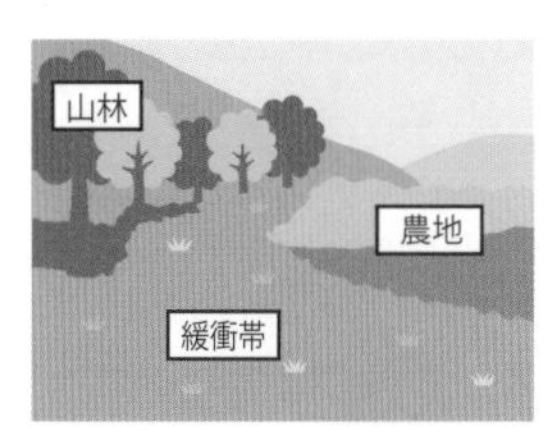

鳥獣緩衝帯

林地化

活性化事業の追加（活性化法第５条第２項関係）

農用地保全事業の対象・内容〈基本方針〉

＜対象＞

① 様々な努力を払ってもなお維持することが困難な農用地
② 農業上の利用が行われている農用地の周辺の土地

＜事業＞

省力的かつ簡易な管理、粗放的な利用（例：放牧、鳥獣緩衝帯、景観作物）又は計画的な林地化を行う。

林地化の基準〈基本方針〉

①山際等、農用地等として維持することが極めて困難な農地
②省力的かつ簡易な管理等により保全を図るよりも計画的な林地化が合理的
③地域森林計画に確実に編入し、適切な森林管理等のため森林組合、関係部局等と連携

所有権移転等促進計画に「農用地の保全等に関する事業」を追加

所有権移転等促進計画（農林地等の所有権、賃借権等の権利関係の一括整理を行う計画）の対象に、改正前の活性化施設の整備事業に加え、農用地の保全等に関する事業が追加されました。（活性化法第５条、活性化計画の作成等／活性化法第８条、所有権移転等促進計画の作成等）

所有権移転等促進計画の手続の流れ

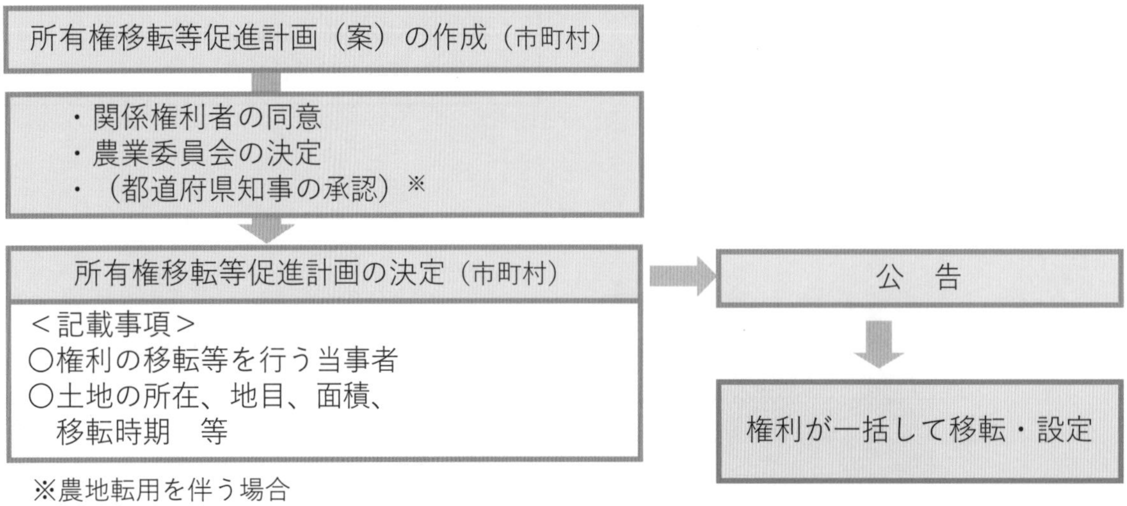

所有権移転等促進計画（案）の作成（市町村）

↓

・関係権利者の同意
・農業委員会の決定
・（都道府県知事の承認）※

↓

所有権移転等促進計画の決定（市町村）

＜記載事項＞
○権利の移転等を行う当事者
○土地の所在、地目、面積、
　移転時期　等

→ 公　告

↓

権利が一括して移転・設定

※農地転用を伴う場合

多面法に基づく認定申請手続きが簡略化されます

農用地の保全等に関する事業が活性化計画に記載された場合、農業の有する多面的機能の発揮の促進に関する法律（多面法）に基づく認定申請に係る手続きが簡略化されます。（活性化法第15条、農業の有する多面的機能の発揮の促進に関する法律の特例）

農地転用許可等の手続きが迅速化されます

市町村が活性化計画に記載する事業について、都道府県知事に協議し同意を得た場合は、農地法に基づく農地転用許可等の手続きが迅速化されます。（活性化法第５条、活性化計画の作成等）

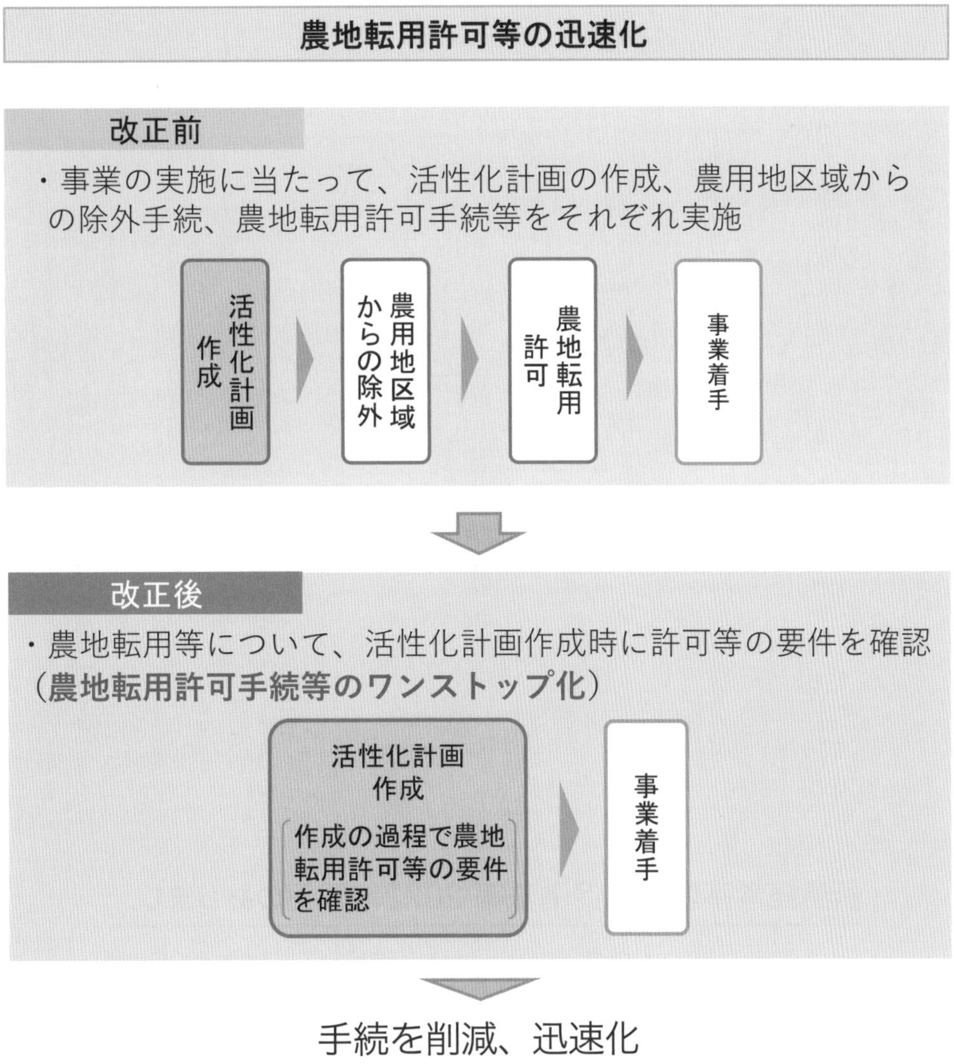

農地転用許可等の迅速化

改正前

・事業の実施に当たって、活性化計画の作成、農用地区域からの除外手続、農地転用許可手続等をそれぞれ実施

活性化計画作成 ▶ 農用地区域からの除外 ▶ 農地転用許可 ▶ 事業着手

改正後

・農地転用等について、活性化計画作成時に許可等の要件を確認
（農地転用許可手続等のワンストップ化）

活性化計画作成（作成の過程で農地転用許可等の要件を確認） ▶ 事業着手

手続を削減、迅速化

農業経営基盤強化促進法等 2022年改正のあらまし

定価 550円(本体 500円+税)
送料実費

令和5年2月 発行

発行：全国農業委員会ネットワーク機構
一般社団法人 全国農業会議所

〒102-0084 東京都千代田区二番町 9-8
(中央労働基準協会ビル2階)
電話 03-6910-1131
全国農業図書コード R04-31